1000명이 된 인류

아이치 제1회 "환경 출판 대상 수상작"

1000명이 된 인류

단 1년 사이에 인류가 겨우 1,000명이 되어버렸습니다.
인류는 대부분 핵전쟁으로 죽어버렸습니다.
지구의 거의 전 지역은 방사능 때문에 사람이 살 수 없게 되었답니다.

하쿠긴류 킷포우시
白銀龍吉法師

도서출판 청어람

1000명이 된 인류

초판 1쇄 찍은 날 · 2006년 10월 26일
초판 1쇄 펴낸 날 · 2006년 11월 2일

지은이 · 하쿠긴류 킷포우시
옮긴이 · 남주연
펴낸이 · 서경석

편 집 장 · 오태철
편집 책임 · 정은경
디 자 인 · 정용숙

펴 낸 곳 · 도서출판 청어람
등록번호 · 제1081-1-89호
등록일자 · 1999. 5. 31

주소 · 경기도 부천시 원미구 심곡1동 350-1 남성B/D 3F (우) 420-011
전화 · 032-656-4452 | 팩스 · 032-656-4453
http://www.chungeoram.com
E-mail · eoram99@chollian.net

ISBN 89-251-0361-3 03830
값 8,000원

1000명이 된 인류

인류가 이익만을 추구하게 되면 '전쟁' 이 일어난다!

모든 인류가 받는 것보다 주는 것을 먼저 생각했을 때, 다툼 없는 세상이 실현 된다….

이루 말할 없는 감동에 눈물이 흘러내렸습니다.

밸류북 선언

가치 있는 지식은 그 가치를 추구하는 사람을 찾아냅니다. 고대부터 책이 그 시대 문화의 기초를 맡아왔던 원점으로 돌아가서 밸류북은 가치를 창출하는 사람을 찾아내어 출판을 지원합니다.

밸류북은 환경을 최대한으로 고려하고 지속가능한 회사를 추진합니다.

1000명이 된 인류

인류가 겨우 1000명이 되어버렸습니다.

그렇게 많았던 인류가 고작 1000명이 되어버린 것입니다.

100만 년에 걸쳐서 70억까지 증가했던 인류가 단 1년 사이에 1000명으로 줄어들었습니다.

1000명이 된 인류

인류는 대부분 핵전쟁으로 죽어버렸습니다.

부자, 가난한 사람 할 것 없이 거의 죽어버렸지요.

지구온난화나 대기오염, 오존층의 자외선 피해와 같은 환경파괴도 가속화되어 커다란 영향을 끼쳤답니다.

인류는 모두 병들어서 올바른 판단을 내릴 수 없게 되었습니다.

처음에 인류는 2000명만이 살아남았습니다.

1000명이 된 인류

인간은 핵폭탄이 나쁘다는 사실을 알고 있었습니다.
하지만 일단 시작한 일이라 그만두지 못하고
어쩔 수 없이 사용하고 말았습니다.

지구의 거의 전 지역은 방사능 때문에 사람이 살
수 없게 되었답니다.
2000명 중 1000명이 방사능으로 인한 백혈병으로 죽었습
니다.

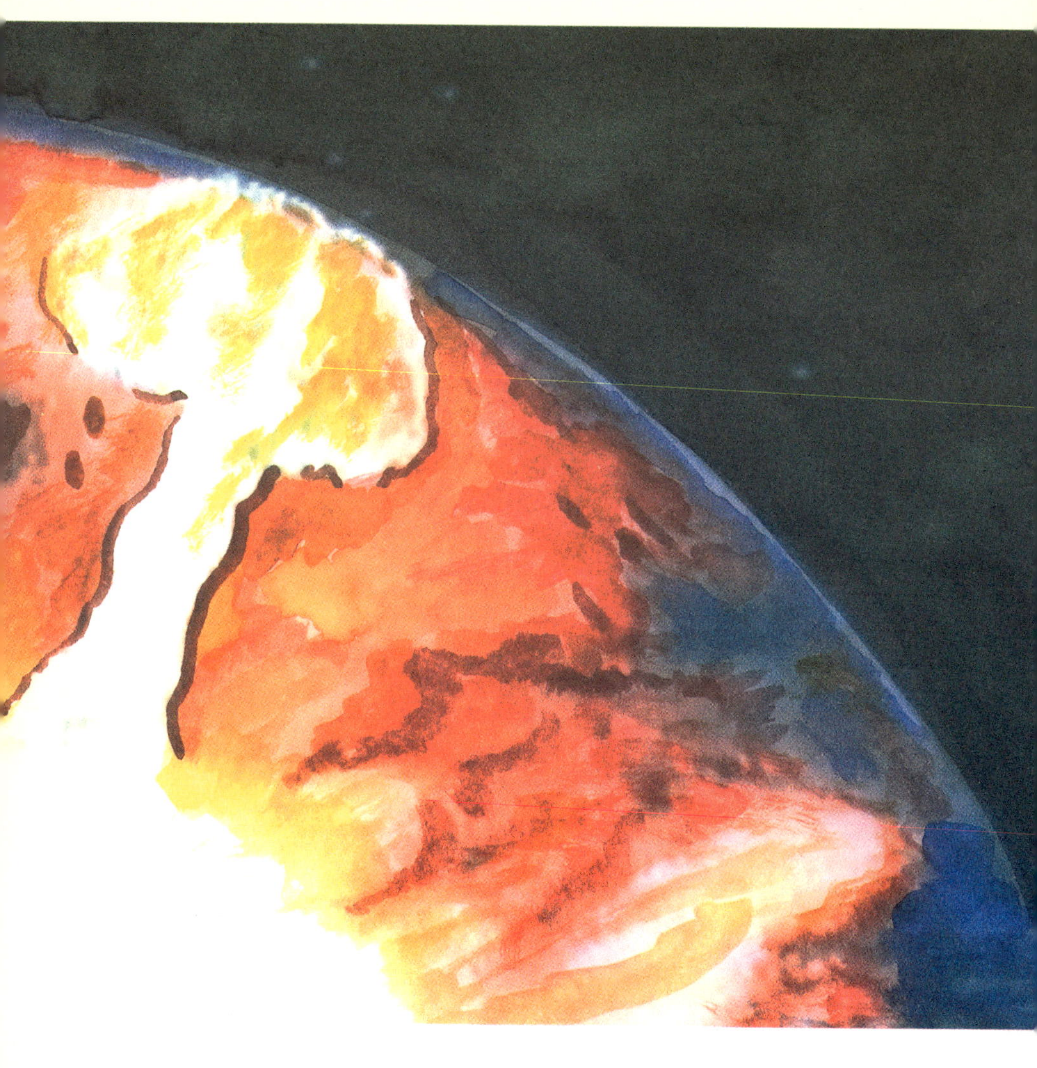

1000명이 된 인류

살아남은 인류는 고작 1000명이었습니다.
남은 1000명은 방사능이 없는 작은 섬으로 이주했습니다.
섬의 3분의 1은 바위투성이 땅이었습니다.
그곳을 지나면 나무들이 빽빽하게 들어선 울창한 정글이 나옵니다.
그곳을 지나가면 숲으로 뒤덮인 산이 있었습니다.
섬에는 작은 해변이 딱 한 곳 있었습니다.
대부분의 해변은 바닷속에 가라앉고 말았답니다.

1000명이 된 인류

살아남은 1000명 중에 진짜로 건강한 사람은 없었습니
다.
얼굴에 화상을 입은 사람이 있었습니다.
얼굴뿐만 아니라 온몸에 화상을 입은 사람이 있었습니다.
손이 없는 사람이 있었습니다.
다리가 없는 사람이 있었습니다.
한 눈이 안 보이게 된 사람이 있었습니다.
한 눈뿐만 아니라 두 눈이 안 보이게 된 사람도 있었습니
다.
온몸이 아파서 계속 사시나무처럼 몸을 떠는 사람들이 많
았습니다.
핵폭탄의 고열로 입안과 목, 기관지가 타서 문드러진 사
람이 있었습니다.
머리칼이 몽땅 빠진 사람이 많았습니다.
거의 모든 사람의 마음이 병들어 있었습니다.
거의 모든 사람의 마음속은 절망과 증오에 가득 차
있었습니다.

18
1000명이 된 인류

　살아남은 인간들은 매일 환경오염을 걱정하고 환경을
더럽히지 않도록 노력했습니다.
　그러나 이미 더럽힌 면적은 지구 전체에 달했습니다.
　아무리 환경을 더럽히지 않으려 노력해도 오염물질은
거의 전 지구를 뒤덮었습니다.

　바다는 검붉은 핏빛으로 물들어버렸습니다.
　작은 섬 주변에도 기형이 된 물고기와 새가 죽어
있었습니다.
　모두 바다가 무서워졌습니다.
　그래서 아무도 바다에 가까이 가지 않게 되었습니다.

1000명이 된 인류

모두 공기와 물이 다 오염된 것처럼 느껴졌습니다.
살아남은 인류는 물을 마시기도 공기를 마시기도
두려웠습니다.

인간은 먹지 않으면 살아갈 수 없답니다.
남은 1000명 중 오염된 음식을 먹기 두려워한 사람이 3명
죽었습니다.

오염된 음식을 신경 쓰지 않고 잔뜩 먹은 사람이 4명 죽
었습니다.
그리고 그들이 죽어가는 모습을 보고 공포로 30명이 죽었
습니다.

1000명이 된 인류

모두가 생각했습니다.

 어째서 안전한 음식이 풍부하게 있었을 때, 먹을 것이
없어서 죽어가는 사람들이 많다는 사실을 알면서도 우
리의 음식을 좀 더 나눠주지 않았을까!
 모두 그 안타까움에 눈물을 흘렸습니다.

1000명이 된 인류

인류가 섬에 온 지 반년이 지났습니다.

살아남은 사람들은 매일 늦은 시간까지 의논했습니다.

모두 어떻게 하면 살아남을 수 있을까 진지하게 생각했습니다.

모두 어떻게 하면 건강하게 살 수 있을까 진지하게 생각했습니다.

모두 어떻게 하면 공포에 떨지 않고 살 수 있을까 진지하게 생각했습니다.

모두 어떻게 하면 건강하게 아이를 낳을 수 있을까 진지하게 생각했습니다.

모두 어떻게 하면 아이들에게 정말로 올바른 삶의 방식을 가르쳐 줄 수 있을까 진지하게 생각했습니다.

살아남은 인류는 진지하게 생각했습니다.

모두가 죽어가고 있는 인류는 진정한 행복이란 무엇인지 진지하게 생각했습니다.

1000명이 된 인류

　1년의 세월이 흐르자 섬에서는 매달 아기들이 태
어났습니다.

　기뻐해야 할지 슬퍼해야 할지 인간은 죽은 사람 수 만큼
새로 태어났습니다.

　지구가 오염되었어도 아이들은 태어나기 마련입니다.

　눈이 없는 아이가 태어났습니다.

　손과 발이 없는 아이가 태어났습니다.

　뇌가 없는 아이가 태어났습니다.

　몸이 기형인 아이가 태어났습니다.

　그러나 부모는 어떤 아이라도 귀여워보였답니다.

1000명이 된 인류

몸에 장애가 있는 아이들을 치료해 줄 의료설비는 이미 남아있지 않았습니다.

몸에 장애가 있는 아이들은 죽어갈 수밖에 없었습니다.

아무도 도와주러 오지 않았습니다.

모두 의료설비가 없다는 사실에 슬퍼했습니다.

모두가 생각했습니다.

어째서 지구가 파괴되기 전에 의료설비가 없어서 고생하던 사람들을 도와주지 않았을까!

모두 후회스러운 마음에 괴로워했습니다.

괴로움이란 자신이 그런 입장이 되어보지 못하면 모르는 거라는 생각이 들었습니다.

1000명이 된 인류

  살아남은 사람들은 다 함께 상의하여 안전한 장소를 찾았습니다.
  그들은 고난에 맞서기 위해서 모두가 하나로 뭉치기로 했답니다.
  모두가 만장일치로 안전한 장소로 선택한 곳은 험난한 정글 너머에 있는 숲이었습니다.
  그리 높지 않은 산의 숲에서 다 함께 살기로 했습니다.
  숲에서는 나무가 공기를 정화해 주었습니다.
  그리고 숲에 내리는 비를 나무와 흙과 강이 정화해 줬습니다.

32
1000명이 된 인류

이제 모두가 깨끗한 공기와 깨끗한 물을 마실 수 있게 되었습니다.

숲에는 맛있는 과일과 나무 열매, 약초가 많이 있었습니다.

먹을 수 있는 생물과 식물도 잔뜩 살고 있었답니다.

잠시 눈을 뗀 사이에 새로운 식물이 자라났습니다.

그 식물들에 꽃이 피어났습니다.

1000명이 된 인류

곤충이 꿀을 찾아 꽃 주위에 모여들었습니다.

땅에 씨를 뿌리면 어디서나 열매가 맺혔답니다.

모두가 안전한 음식을 배부르게 먹을 수 있게 되었습니다.

하지만 방사능 오염은 조금씩 섬을 침식해 들어왔습니다.

모두들 마음 깊은 곳에서는 언젠가 죽는 게 아닐까 두려움을 느꼈습니다.

36

1000명이 된 인류

모두가 생각했습니다.

어째서 인간은 지금까지 이렇게 고마운 숲의 나무들을 불태우고 몽땅 베어버렸단 말인가!

어째서 인류는 아무 생각도 없이 이익을 위한 일이라고 착각하고 소중한 나무를 남김없이 베어버렸단 말인가!

나무가 좀 더 많았다면 지구를 재생시킬 수 있었을 텐데!

모두들 그렇게 생각하며 뼈저리게 후회했습니다.

지구상에서 나무가 거의 사라지고 말았습니다.

인간이 잔뜩 베어버렸기 때문입니다.

인간이 나무를 너무 많이 베어버렸기 때문에 전 세계는 굉장히 빠른 속도로 사막화 되었습니다.

1000명이 된 인류

남은 나무들은 방사능과 환경오염으로 죽어버렸습니다.
인류는 나무를 벨 생각만 하고 나무를 심을 생각은 잊어
버린 겁니다.

숲속에서 안전하게 살 수 있게 되자 모두들 매일 밤 회
의를 하게 되었습니다.
모두들 진지하게 의논했습니다.
모두들 밤에 있는 회의시간을 즐겁게 기다렸습니다.
살아남은 사람들은 어째서 전 세계가 핵전쟁을 벌
이게 되었는지 이야기를 나눴습니다.

　오랜 인류의 역사는 풍족해지기 위해 노력하는 것이었습니다.

　편리한 물건을 많이 만들고 무슨 일이든 빨리 빨리하는 것이 중요했습니다.

　어떻게 하면 싸게 만들어 비싸게 팔까 생각하던 인류는 뭐든지 석유로 만들었습니다.

근대문명은 석유로 세워졌습니다.

그러나 석유로 만들어진 제품은 유해폐기물이 된답니다.

그것들은 지구의 공기를 오염시킵니다.

지구의 물을 오염시킵니다.

그리고 인간의 마음을 오염시켰습니다.

인류는 열심히 노력해서
안전한 에너지를 만들 수 있는 여러 가지 방법을
생각해냈습니다.
태양열을 모으는 솔라전지.
바람의 힘을 이용하는 풍력전지.
자연을 해치지 않고 에너지를 만드는 방법은 얼마든지
있답니다.
그러나 석유는 손쉽게 돈을 벌 수 있었습니다.

1000명이 된 인류

석유를 채굴하는 것도 석유를 파는 것도
석유로 제품을 만드는 것도 전부 돈이 되었습니다.
모든 나라들은 그렇게 손쉽게 돈을 벌 수 있는 석유를
원했습니다.

인류는 석유를 서로 차지하려고 전쟁을 벌였습니다.
몇 번이나 전쟁을 벌였습니다.
석유가 나오는 나라는 갖가지 구실로
차례차례 전쟁에 휘말려 들게 되었습니다.

1000명이 된 인류

거대한 군대를 가진 부자 나라의 부자들은
석유를 독점하기 위해서 무슨 일이든지 했습니다.
정부를 조종하거나 거짓 정보를 꾸며내서 인류를 속이는
일까지도 말입니다.

부자들은 자신들의 부를 유지하기 위해서 석유를 계속 빼
앗을 필요가 있었습니다.
그들은 석유를 차지하기 위해서 전쟁을 일으키고
석유를 지배하기 위해서 석유가 나오는 나라를 점
령하고 반항하는 사람들을 계속 죽였습니다.

1000명이 된 인류

아무런 나쁜 짓도 저지르지 않았는데도 석유 다툼에 휘말려서 많은 사람들이 죽었습니다.

살아남은 사람들은 자신의 가족을 죽인 사람을 계속해서 미워했습니다.

사람이 사람을 계속 미워하면 병이 생깁니다.

미움 받는 사람 쪽은 공포를 느끼지요.

이러한 미움과 공포가 세계대전을 낳았습니다.

그렇게 해서 온 지구에서 핵폭탄이 사용된 것입니다.

1000명이 된 인류

한 남자가 말했습니다.

"군사대국이 여러 나라를 억압했기 때문에 거기에 반발한 사람들이 테러를 일으키게 된 겁니다.

그래서 군사대국은 테러를 제압하기 위해서 작은 핵폭탄부터 사용하기 시작했죠.

그것이 최초의 원인이었다고 생각합니다."

1000명이 된 인류

한 여자가 말했습니다.

"전 세계의 테러리스트들이 서로 손을 잡고서 군사대국과 군사대국에 협력하는 나라들을 몰락한 군대에서 입수한 핵폭탄으로 공격하게 된 거라구요!"

1000명이 된 인류

한 노인이 말했습니다.

"테러 공격에 군사대국은 공포와 복수심을 느끼게 된 거요.

그래서 화가 난 군사대국은 테러리스트들에게 더욱 강력한 공포를 주기 위해서 그 테러리스트들을 숨겨주고 있는 것이 분명한 나라를 향해 핵미사일을 쏘게 된 거지!"

1000명이 된 인류

한 노파가 말했습니다.
"군사대국이 쏜 미사일을 맞은 나라는
핵폭탄을 개발하고 있는 나라의 욕심 많은 사람들
에게 큰돈을 주고 핵미사일을 손에 넣었지요.
그리고는 군사대국과 군사대국에 협력하는 나라들
에게 다시 쐈어요."

한 청년이 말했습니다.
"인간은 당하면 그대로 돌려주는 법이지요.
그래서 모든 나라들이 다 핵폭탄만 사용하게 되어서
전 세계에 핵폭탄이 터지게 됐군요!"

한 노인이 말했습니다.
"마침내 세계대전이 되자
인간은 가장 효과적으로 사람을 대량 살상할 수 있
는 무기를 사용한 것이오!
인간은 효율적으로 생각하는 동물이니까 말이오!"

한 젊은 여자가 말했습니다.
"지구환경을 가장 파괴시킨 주범은 바로 전쟁이었
군요!"

1000명이 된 인류

한 씩씩한 소년이 물었습니다.
"왜 전에 핵폭탄을 맞아서 많은 사람들이 죽은
나라가 핵폭탄을 만들어서 공격에 참가한 거죠?"

62

1000명이 된 인류

한 청년이 말했습니다.

"그 이유는 말이지, 그 나라는 전쟁을 안 하겠다고 맹세를 했는데도 자기 나라를 지키기 위해서라는 이유로 조금씩 군비를 증강해온 거야. 그리고는 군사대국이 오래오래 자기 나라를 보호해주도록 전쟁에 참가하게 되었어. 한편, 군사대국은 양국을 지키기 위해서라는 이유로 그 전쟁을 안 하겠다고 맹세한 나라에 핵미사일을 배치시킨 거지.

그래서 전쟁을 안 하겠다고 맹세한 나라는 군사대국의 협력국으로서 테러리스트의 공격을 받게 되었어. 그러자 그 테러 공격의 공포로 인해 테러리스트를 지원하는 것처럼 보이는 수상한 나라와 자기 나라를 위협해온 나라까지 함께 핵미사일로 공격해 버린 거야!"

1000명이 된 인류

아이들이 입을 모아 말했습니다.
"전쟁은 나쁘다는 걸 알면서도 일단 시작되면 아무리 많은 사람들이 싫다고 해도 멈출 수 없는 거구나!"

한 노인이 말했습니다.
"그리고 끝에 가서는 계속되는 증오와 공포로 인한 전쟁을 막을 수 있는 나라도 사람도 없어지게 된 게야!"

한 아이가 물었습니다.
"군사대국은 어떤 나라를 억압했어요?"

한 청년이 말했습니다.

"일단 석유나 지하자원이 풍부한 나라였지! 그리고 자신들에게 불리한 종교를 믿는 나라와 경제적으로 협력하지 않는 나라였어!"

한 아이가 말했습니다.
"그건 너무 자기만 아는 거잖아요!"

한 청년이 말했습니다.

"인류는 나라의 이익이나 회사의 이익처럼 이익이 최대 목적인 자본주의가 최고라고 믿었거든! 그러니 자신의 이익만을 중시하는, 즉 자기중심적이 된 것도 어쩔 수 없는 일이야!"

1000명이 된 인류

한 청년이 말했습니다.

"또 다른 이유라면 자기네 종교가 최고라고 생각하던 사람들이 자기네 종교가 아닌 다른 종교를 믿는 사람을 없애 버리려고 한 거야! 다른 종교를 믿는 사람들을 얕잡아 보고 차별하다 보니 싸움이 붙어서 수없이 죽이게 된 거지! 종교에 빠져든 사람들은 처음엔 불안과 공포에서 벗어나기 위해서 종교에 귀의했지만 나중엔 자신이 풍족하고 행복해지기 위해서 열심히 믿은 거야! 그러니까 결국은 자기중심적이라는 말이 되겠지!"

모든 아이들이 말했습니다.
"인간이 자기중심적이 되면 결국엔 지구가 이렇게 되어버리는구나!"

1000명이 된 인류

어린 아기를 품에 안은 어머니가 울면서 말했습니다.

"인간은 다 미쳤어요! 과학이 진보되면 행복해질 줄 알고 뭐든지 과학에 의지해서 만들었잖아요! 그 결과, 인간에게 가장 중요한 음식도 농약이나 화학비료로 오염된 것을 먹게 됐어요! 그리고 전자제품과 가전제품은 물론이고 세제나 화장품에서 나오는 환경 호르몬과 전자파로 자기들이 해를 입게 된 거라구요! 그래서 온갖 환경오염에 찌든 인간은 올바른 생각을 못하게 된 거예요! 인간은 함부로 환경을 파괴하고 모든 생명에게서 목숨을 빼앗고서 멸종할 거예요!"

1000명이 된 인류

어린 소녀가 울면서 말했습니다.
"우앙~! 우앙~! 지구는 이제 원래대로 돌아오지 않는 거야? 나 무서워!"

1000명이 된 인류

모든 아이들이 물었습니다.

"종교를 열심히 수행한 사람이나 공부한 사람이 있었는데도 그리고 정치와 경제, 역사를 많이 공부한 사람이 있었는데도 어째서 전쟁을 일으킨 거죠?"

1000명이 된 인류

경험 많은 노인이 말했습니다.

"모두들 자기만 옳다고 생각한 게야. 어떻게 하면 다른 사람들을 자기 생각에 따르게 만들지 그것만 생각하느라 싸움이 끊이질 않았어. 결국 알고 있는 자신들과 모르는 다른 사람들을 구분해서 생각했던 것이 싸움의 근본적인 원인이었단다."

모든 아이들이 물었습니다.

"그걸 알면서 왜 핵전쟁을 그만두지 못한 거예요?"

1000명이 된 인류

경험 많은 노인들이 말했습니다.
"그건 말이다. 알면서도 행동하지 않았기 때문이지!"

한 경험 많은 노인이 말했습니다.
"행동할 용기가 없었던 거야!"

또 다른 경험 많은 노인이 말했습니다.
"가장 큰 이유는 누군가 해줄 거라고 생각하는 동안
전쟁과 테러리즘이 시작되어 버렸기 때문이야!"

한 노인이 눈물을 흘리며 말했습니다.
"남을 용서하는 법을 찾지 못한 인류는
거듭되는 증오를 막을 수 없었던 거란다!"

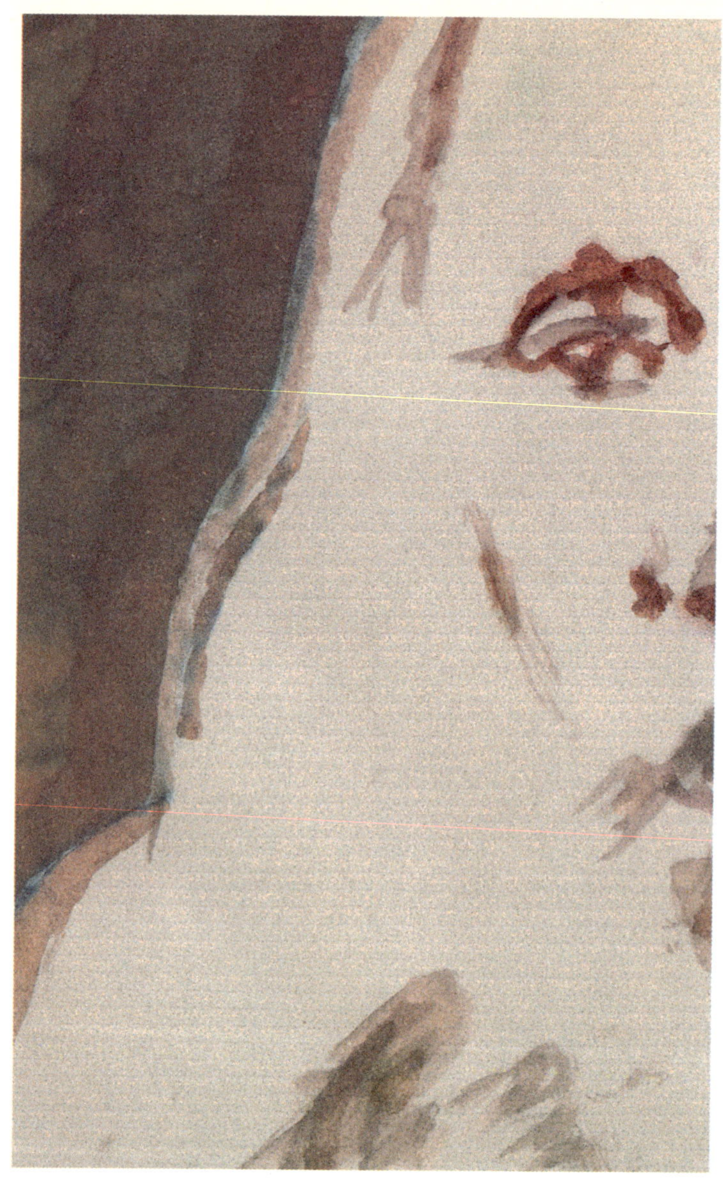

1000명이 된 인류

마지막으로 절망에 빠진 노인이 말했습니다.
"전쟁의 가장 큰 원인은 인간이 살아가면서 느끼는 공
포다!
공포가 싸움을 만드는 거야!"

가장 활발한 아이가 물었습니다.
"어떻게 하면 인간이 공포를 없앨 수 있나요?"

경험 많은 노인들이 입을 모아 말했습니다.
"지금 이 순간에 서로 돕는 거야!
힘들어하는 사람이 있으면 모두 힘을 합쳐 도와주는 것이
모두에게서 공포를 없애는 길이지!"

82

1000명이 된 인류

가장 경험이 많은 노인이 말했습니다.

"이보게들! 우리가 어떻게 지금 살아 있을 수 있는지 다들 잊지 않았겠지?

우리가 지금 여기 살아 있을 수 있는 건 저 분들 덕분일세!"

1000명이 된 인류

노인은 너덜너덜한 군복을 입은 사람들을 손가락으로 가리켰습니다.

모두 25명이었습니다.

그들이 목숨을 걸고 모두를 구해 주었습니다.

그들이 원자력 잠수함으로 전 세계에서 간신히 살아남은 사람들을 이 섬까지 태워다 준 것입니다.

1000명이 된 인류

아이러니하게도 최후의 인류를 구한 것은 원자력 잠수함이었습니다.

그들은 전 세계를 떠돌아 다녔습니다.

그들은 1년 동안 여기저기서 살아남은 인류를 계속 찾아 헤맸습니다.

방사능 오염 속에서 위험을 무릅쓰면서도 살아남은 사람들을 계속 찾아 헤맸습니다.

살아남은 사람들을 구조하다가 그들의 동료 150명이 죽었습니다.

1000명이 된 인류

두 다리가 없는 노인이 말했습니다.

"기와더미에 깔려 있는 나를 구하기 위해서 건강한 세 명의 청년이 죽었소! 그들은 나 같은 늙은이를 구하려고 위에서 떨어져 내린 콘크리트에 깔렸단 말이오. 어째서 나처럼 살아난다 해도 걸을 수도 없는 노인을 위해 건강한 젊은이가 셋이나 죽어야한단 말이오! 참으로 면목이 없소!"

노인은 두 손으로 머리를 감싸 쥐고 울면서 고개를 흔들었습니다.

1000명이 된 인류

그래도 그들은 구조를 그만두지 않았습니다.
자신들의 목숨을 구하기보다 한 사람이라도
더 살리려고 목숨을 걸었습니다.

진지하게 듣고 있던 아이들은 모두 울고 말았습니다.

그들은 하루 종일 무전기에 신호를 보내며 전 세계 대륙의 산과 황폐해진 도시와 섬에서 생존자를 찾아냈습니다.

구조된 사람들 중에는 건물에 갇혀 있던 사람이나 핵 방공호 속에 숨어 있던 사람, 배를 타고 바다를 표류하던 사람들도 있었습니다.

죽음의 재와 연쇄적인 폭발로 인한 화재가 전 세계 곳곳에서 일어나고 있었습니다.

그 중에서 살아남은 사람들을 구출하기란 몹시 위험한 일이었습니다.

그래도 그들은 모든 것이 파괴된 무시무시한 환경 속에서도 자신들의 목숨을 아끼지 않고 살아남은 사람들을 계속 구해냈던 것입니다.

1000명이 된 인류

이 이야기를 처음 들은 어린 아이는 감동으로 가슴이 벅
차올라 눈물을 흘렸습니다.

누더기가 된 군복을 걸친 25명 모두가 고개를 떨구고
눈물을 참았습니다.

이제 막 철이 든 나이의 아이들이 누더기 군복을 걸친 사
람들에게 뛰어가서

그들의 다리에 매달렸습니다.

그러자 전쟁을 그만 둔 전직 군인들은 어린 아이들을 꽉
끌어안았습니다.

1000명이 된 인류

한 어여쁜 소녀가 말했습니다.

"인간이 자신의 목숨을 걸고서라도 남을 구하려고 했을 때, 인류는 살아남게 된 거군요!"

1000명이 된 인류

"고맙습니다! 고맙습니다! 고맙습니다!"
아이들이 말했습니다.
울먹이며 감사의 인사를 하는 아이가 있었습니다.
또랑또랑한 눈동자로 활짝 웃으며 감사의 인사를 하는 아이도 있었습니다.

1000명이 된 인류

환경을 가장 크게 파괴한 주범은 전쟁이었습니다.

전쟁을 하고 있던 그들은 가장 먼저 전쟁을 그만두어 핵 공격을 면했답니다.

그렇게 살아남은 그들이 전쟁으로 파괴된 지구에서 가까스로 살아남은 사람들을 구출한 것입니다.

그들이 살아남은 이유는 잘못된 전쟁에 참가하지 않는 용기가 있었기 때문이었습니다.

가장 성능 좋고 가장 커다란 파괴력을 지닌 최신식 대형 원자력 잠수함에 타고 있던 그들은 사령관의 명령을 무시하고 바다 속에 1년 동안 가라앉아 있었습니다.

1000명이 된 인류

"애들아!
그렇게 해서 저 분들은 지구상에서 아직 유일하게 방사능에 오염되지 않은 이 섬을 찾아낸 거란다!"
가장 나이가 많은 노인이 말했습니다.

104

1000명이 된 인류

그 섬은 태평양의 적도에 위치한 섬이었습니다.

그 섬의 주변 바다는 남과 북의 해류와 해류가 맞부딪치고 있어서 조류의 흐름이 완만하여 바닷물이 오염되기까지 시간이 걸렸습니다.

바람도 거의 불지 않아서 죽음의 재도 전혀 내리지 않았습니다.

그러나 바다 생물들은 대부분 오염되었습니다.

모든 바다는 이어져 있기 때문입니다.

산호초는 멸종되고 물고기도 해조류도 죽어서 바다를 탁하게 만들었습니다.

모두들 바다가 죽어간다고 생각했습니다.
그리고 자신들도 언젠가 죽어갈 거라고 생각했습니다.

1000명이 된 인류

아이들은 경험 많은 노인들의 이야기를 듣고 한 가지 아이디어가 떠올랐습니다.
그리고 멋진 행동을 시작했습니다.
모든 아이들이 시작했습니다.
아직 어린 아이들도 시작했습니다.

1000명이 된 인류

아이들은 다들 아침 일찍 일어나 물을 길으러 갔습니다.

모두를 위한 일이었습니다.

누가 시킨 것도 아니고 자신들의 의지로 그렇게 했답니다.

낮이 되면 분담해서 나무열매나 과일을 따러 갔습니다.

그것도 모두를 위한 일이었습니다.

저녁이 되면 나이 드신 어른들의 어깨를 주물러 드렸습니다.

아이들은 3명씩 붙어서 나이 드신 어른들이나 몸이 불편한 사람들의 손발을 어루만져 드렸습니다.

1000명이 된 인류

힘없는 어린 아이들까지도 그 고사리 같은 손으로 열심히
할아버지, 할머니의 손발을 주물러 드렸습니다.

친할아버지, 친할머니가 아닌 분까지도 주물러 드렸습니다.

할머니, 할아버지들은 누구 할 것 없이 아이들의 기특한 마음씨에 눈물을 흘렸습니다.

"고맙구나! 고마워! 살아 있길 잘했다! 정말 잘했어!"

모든 노인들이 그렇게 말했습니다.

아이들은 눈이 불편한 사람의 손을 잡고 함께 걸어갔습니다.

다리가 없는 사람에겐 두 명이 함께 부축을 했습니다.

그래도 모자랄 때에는 작은 아이까지 함께 셋이서 도와 드렸습니다.

1000명이 된 인류

외톨이인 사람이 있으면 아이들이 그 사람 곁에 계속 함께 있어 주었습니다.

젊은이라도 고독한 사람은 있었습니다.

아이들은 고독한 사람 주변에 모여서 언제나 앉아만 있는 그 사람에게 안기거나 등에 올라타면서 열심히 말을 걸었습니다.

그러자 고독한 사람은 외로움이 가셨습니다.

특히 나이 드신 분께는 어린 아이가 갔답니다.

울고 있는 어머니가 있으면 등을 쓰다듬어 드렸습니다.

어머니는 감격해서 오히려 더 많이 울었습니다.

그렇게 해서 섬에서 외톨이인 사람은 한 명도 없게 되었습니다.

아이들은 모두가 이렇게 해주면 좋겠다고 생각하는 것을 찾아낸 것입니다.

1000명이 된 인류

아이들은 누가 말해주지 않았는데도 스스로 생각했습니
다.
그리고 그 생각대로 열심히 실천했습니다.
사람들은 아이들이 모두가 이렇게 해주길 바라는 행동을
하자 기뻐했습니다.
그러자 아이들은 자신들도 기뻐져서 더더욱 열심히 했습
니다.

어른들의 생각이 변하기 시작했습니다.
자신과 자기 가족들만 먼저 생각하던 어른들이 변하기
시작했습니다.

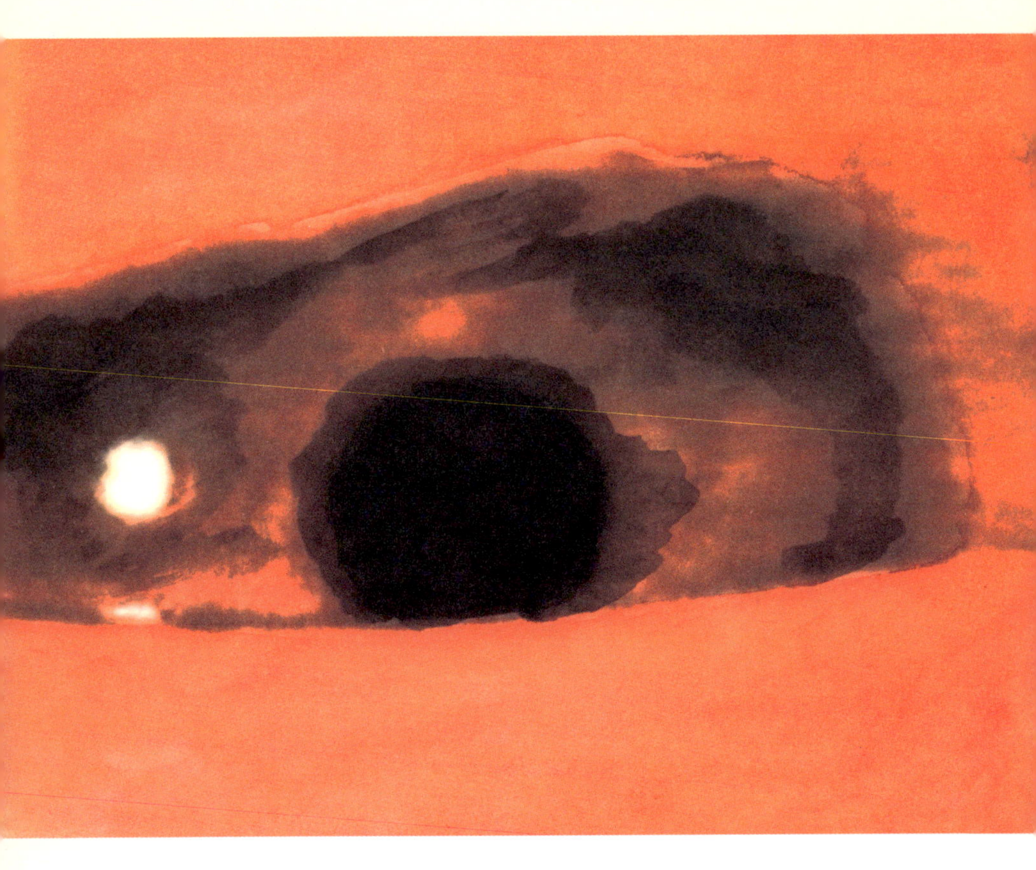

1000명이 된 인류

조금쯤 안심하고 살 수 있게 된 인류는 언제나 자신을 먼저 생각하게 되었습니다.

잔뜩 따다 쌓아둔 맛있는 나무열매를 남에게 나눠주지 않게 되었습니다.
모두 자기를 위해서만 쌓아놓게 되었습니다.

깨끗한 물이 솟아나는 곳을 아무에게도 말하지 않는 사람도 있었습니다.
과일이 잔뜩 열린 곳이나 동물이 많이 있는 장소를 비밀로 하는 사람도 있었습니다.

편리한 도구를 만들어도 망가질까 두려워서 남에게 빌려주지 않는 사람도 있었습니다.

1000명이 된 인류

다들 일단 자기부터 먼저 사는 게 제일 중요하다고 생각했기 때문이었습니다.

인간은 조금이라도 안심하게 되면 남을 도와줄 여유가 없어지기 마련입니다.

섬에 간신히 도망쳐 왔을 때는 모두가 서로 돕고 살았습니다.
그리고 그게 당연한 일이었지요.

1000명이 된 인류

아이들에게 감동한 어른들도 시작하게 되었습니다.
모든 어른들이 행동하기 시작했습니다.
수십 명의 남자들이 힘을 합쳐서 밭을 만들었습니다.
농작물을 길러서 모두에게 나눠주기 위해서였습니다.

따로따로 밭을 일구고 있던 사람들이 힘을 합쳐서 커다란 밭을 여러 개나 만들게 되었습니다.
그래서 농작물을 잔뜩 수확할 수 있게 되었습니다.
그러자 모두가 평등하게 음식 걱정이 없어졌습니다.

뭔가가 변화하기 시작한 것입니다.

1000명이 된 인류

인류가 섬에 오고 나서 5년의 세월이 흘렀습니다.

남자들은 열심히 밭일을 했습니다.

어느 날, 갑자기 젊은 청년이 외쳤습니다.

"모두 이것 좀 보세요!"

여러 명의 남자들이 모여들었습니다.

그들이 발견한 것은 수많은 지렁이들이었습니다.

"오오! 이거 굉장한데! 지렁이가 이렇게 많이 있으면 땅이 좀 더 기름져지겠어!"

남자들은 입을 모아 말했습니다.

1000명이 된 인류

지렁이들을 노리고 많은 새들이 모여들었습니다.
그 안에는 기적적으로 철새도 있었습니다.
철새는 온 섬에 똥을 싸댔습니다.
똥 속에는 여러 대륙의 갖가지 식물의 씨가 섞여 있었습니다.

1000명이 된 인류

그 뒤로 5년의 세월이 흘렀습니다.

처음에 섬의 1/3은 바위로 뒤덮여 있었습니다.

그러나 어느새 그 바위투성이 지역은 초원이 되어 있었습니다.

모두들 깜짝 놀랐습니다.

초원에는 여러 동물들이 있었습니다.

"다들 저것 봐요! 닭이 있어요!"

청년이 많은 닭들을 쫓아가며 외쳤습니다.

사람들은 닭을 번식시켜서 많은 달걀을 얻을 수 있게 되었습니다.

식물에 대해 잘 아는 사람은 여러 가지 식물을 찾아냈습니다. 그리고 식물을 소중히 하는 법을 모두에게 가르치기도 했습니다.

식물 중에는 목화와 유채꽃이 있었습니다.

사람들은 목화에서 실을 만들고 유채꽃에서 기름을 짰습니다.

식물은 옷과 음식과 약이 되었답니다.

128
1000명이 된 인류

남자들은 집 없는 사람이나 집이 부서진 사람에게 집을
지어 줬습니다.
　집을 짓기 위해서 나무를 한 그루 베면 열 그루의 묘목을
심었답니다.

　실을 잣는 도구를 만드는 사람이 있었습니다.
　그건 모두에게 따뜻한 옷을 만들어 주기 위해서였습니다.
　흙을 반죽해서 많은 그릇을 만드는 사람이 있었습니다.
　그릇을 만드는 사람은 그릇을 만드는 법을 모두에게 가르
쳐 줬습니다.
　낚싯대를 만들고 민물고기를 낚는 방법을 가르치는 사람
이 있었습니다.
　그 사람은 모두에게 낚싯대를 만들어주고 모두에게 낚시
질을 가르쳐 줬습니다.
　그건 모두가 평등하게 생선을 먹을 수 있도록 하기 위해
서였답니다.
　다리가 불편한 사람을 위해서 지팡이를 만드는 사람도 있
었습니다.

1000명이 된 인류

어른들은 각자 자신이 잘하는 일을 모두를 위해서 열심히 했습니다.

어른들은 다른 사람의 말을 잘 듣게 되었습니다.

어른들은 모두 다른 사람의 고민을 자기 일처럼 들어줬습니다.

모두들 자신의 가족을 소중히 여겼습니다.

그리고 모두들 자신의 가족이 아닌 사람도 자기 가족처럼 소중히 여기게 되었습니다.

기운이 없는 사람이나 아픈 사람에겐 모두 스스로 먼저 말을 걸었답니다.

1000명이 된 인류

　모두가 남의 고민을 자기 일처럼 생각하게 되었습니다.
　모든 어른들이 한 가지 멋진 사고방식에 눈 뜨게 된 것입니다.

　그것은 언제나 '주는 것을 먼저 생각하는' 사고방식이었습니다.
　모두들 언제나 남들이 기뻐할 만한 일을 생각하게 되었습니다.

　그것은 자신보다도 다른 사람을 걱정해 주는 일이었습니다.
　그것은 다른 사람의 소원이나 바램을 이뤄주려고 하는 것이었습니다.
　그것은 모두의 슬픔과 고통을 함께해 주는 것이었습니다.

134
1000명이 된 인류

섬 전체에서 뭔가가 분명히 변하기 시작했습니다.

인간이 이 '새로운 사고방식'에 눈 떴을 때부터 뭔가 거대한 변화가 일어나기 시작했던 것입니다.
주는 것을 먼저 생각하는 사고방식은 살아남은 전 인류의 사고방식이 되었습니다.

주는 것을 먼저 생각하면 모든 인류가 풍족하게 살 수 있어!
모든 인류가 그렇게 생각한 순간!
인류의 의식이 진화한 것입니다.

그것은 자신을 우선하는 것이 아니라

자기만 먼저 살겠다고 생각하는 것이 아니라

다른 사람에게도 먼저 주는 것을 생각하는 삶의 방식이었습니다.

그리고 그런 사고방식을 가지자 모두들 '생각하면 이루어진다!' 는 것을 굳게 믿게 되었답니다.

모두들 생각하면 이루어진다고 정말로 믿기 시작했습니다.

생각하면 이루어진다고 모두가 정말로 믿게 되었습니다.

모든 인류가 기원했습니다.

"모든 인류가 행복해지기를!"

1000명이 된 인류

그날 밤도 어른들은 평소처럼 밤늦게까지 회의를 하고 있었습니다.

그런데 아이들 몇 명이 해변에서 모두가 있는 숲 속까지 울창한 정글을 지나서 단숨에 달려왔습니다.

아이들은 흥분한 목소리로 외쳤습니다.
"굉장해요! 굉장해요! 다들 빨리 와 보세요!"
아이들은 너무 기뻐서 모두 울고 있었습니다.

어른들은 바다는 방사능으로 오염되어서 위험하다고 생각했습니다.
모두가 그렇게 생각해왔습니다.

140
1000명이 된 인류

섬에 있는 모든 사람들이 용기를 내서 해변으로 갔습니
다.
바다는 거의 파도도 없이 잔잔했습니다.

"오오오~!"
모두의 입에서 숨 막힐 듯이 떨리는 환성이 터져 나왔습
니다.
밤에서 아침으로 넘어가는 바로 그 순간이었습니다.
그리고 아침이 된 순간!
방사능으로 오염되었을 바다에 기적이 일어
나는 순간이었습니다.
그곳에는 믿을 수 없는 광경이 신의 손끝 아래서 그려지
고 있는 것 같았습니다.

그것은 돌고래였습니다.

돌고래가 어렴풋이 얼굴을 내민 아침 햇살을 받아 반짝
이면서 힘차게 수면에서 뛰어올랐습니다.
"끼루루! 끼루루! 끼루루!"
돌고래는 빙글 공중제비를 넘었습니다.
몇 번이나 계속해서 넘었습니다.

그러자 돌고래가 또 한 마리 나타났습니다.
그 돌고래는 더욱 힘차고 높게 뛰어올랐습
니다.

그러자 다시 돌고래가 또 한 마리 나타났습니다.

그리고 다시 또 한 마리!
몇 십 마리나 되는 돌고래 무리들이 모여들었습니다.
돌고래들도 살아남은 인간들과 만나서 기뻐하는 것 같았
습니다.

1000명이 된 인류

아이들은 바닷속으로 들어갔습니다.
그러자 어머니들이 소리쳤습니다.
"안 돼! 바다에 들어가면 안 돼~! 다들 어서 말려요~!"

수십 마리나 되는 돌고래들이 아이들 근처에 모여들었습니다.
아이들의 얼굴이나 엉덩이에 뽀뽀를 하거나 뺨을 비비는 돌고래도 있었습니다.

그중 한 아이가 외쳤습니다.
"와아~! 굉장해! 예쁘다! 다들 와서 봐~!"
아이들은 모두 바다 속을 들여다보았습니다.

어른들도 모두 용기를 내서 바닷속에 들어갔습니다.
노인들도 들어갔습니다.
모두들 용기를 내서 들어갔습니다.
그러자 어른들은 모두 환희에 찬 소리를 질렀습니다.
"오오…!"
"이게 뭐지~?!"
모든 어른들의 얼굴에는 억누를 수 없는 미소가 흘러나오
고 있었습니다.

1000명이 된 인류

산호초였습니다.

멸종된 줄 알았던 산호초가 되살아난 것입니다.

산호 속에는 작은 물고기와 해조류가 살고 있었습니다.

아직 아주 조금밖에 없었지만 분명히 살고 있었습니다.

"바다가 회복하고 있어~!"

젊은 남자가 큰 소리로 외쳤습니다.

많은 사람들이 눈물을 흘리며 무릎을 꿇었습니다.

큰 소리로 엉엉 우는 노인도 있었습니다.

"우리들은 살아갈 수 있어!"

"우리에게도 미래가 있어!"

갓난아기를 품에 안은 어머니가 말했습니다.

1000명이 된 인류

어른들의 목소리에 뒤돌아본 아이들이 말했습니다.
모든 아이들이 진심어린 목소리로 조용히 말했습니다.
"와아~! 너무 예쁘다!"
아이들은 모두 그 아름다움에 넋을 잃고 걸음을 떼지 못했습니다.

어른들은 일제히 모두 뒤를 돌아보았습니다.
그리고는 모두 고개를 끄덕이며 눈을 크게 뜨고서 한 사람 한 사람이 손을 모았습니다.

1000명이 된 인류

숲이 빛나고 있었습니다.

섬 안의 숲이 크게 자라나 있었습니다.

숲의 나무 한 그루 한 그루가 눈부시게 빛나고 있었습니다.

아침 햇살을 흡수하고 있는 숲의 모습은 마치 하나의 생명 같았습니다.

마치 숲 전체가 무지개의 결정체처럼 일곱 빛깔로 빛나고 있었습니다.

그 모습은 새롭게 다시 태어난 인류의 희망이 담긴 무지개 같았습니다.

그것은 지구가 자신의 위대한 정화와 소생
의 힘을 인류에게 가르쳐 준 순간이었습니다.

작가 후기

　제가 4월 22일 아이치 만물박람회(지구사랑 박람회)의 시민 파빌리온에서 제1회 지구의 날 환경 출판 대상을 수상하고 나서 벌써 두 달이 지났습니다. 글 같은 건 써본 적도 없고 하물며 그림도 그려본 적이 없는 제가 국제 만물박람회에서 대상을 받게 되다니 믿어지지 않는 일이었습니다.

　이 작품 '1000명이 된 인류'는 제가 처음으로 쓴 작품입니다.
　더욱 믿기 힘든 일이지만 이 작품은 쓰기 시작한 지 2시간 만에 다 썼습니다. 그리고 이 작품의 삽화는 수상 후 거의 일주일 만에 그린 것입니다.
　혹시 이런 저의 창작례가 작가를 희망하는 많은 사람들에게 격려가 될 수 있다면 기쁘겠습니다.

　이 책의 매상 3%는 추천해주신 NPO(Non-Profit Organization, 민간 비영리 단체) 법인에 영원히 들어가게 됩니다.
　이 작품뿐만 아니라 NPO 법인이 추천한 책이 출판되면 그 책 매상의 일부는 작가와 NPO 법인에 배당됩니다.
　정말 멋진 아이디어지요?

저는 희망합니다.

"지구의 날 출판 대상이 세계적인 대상이 될 수 있기를!"

많은 NPO 법인의 추천을 받은 작품이 출판되어 전 세계 사람들에게 영향을 주고, 또 많은 신진 작가들이 탄생해서 많은 영향력을 가진 NPO 법인이 세계에 공헌하게 되기를 말입니다!

사실 책을 쓴다는 것은 어쩌면 간단한 일일지도 모릅니다! 아무런 학력도 없는 저도 할 수 있었으니까요!

하쿠긴류 킷포우시

NPO 이글 아프간 부흥협회 ●─────────

소련의 침공 이후로 내전상태가 오래 계속되어 사회체제가 혼란을 거듭하는 아프가니스탄에서 23년 동안 부흥 지원활동을 하고 있다. 주변국가인 파키스탄의 아프가니스탄 난민캠프에서 아오조라(靑空) 초등학교를 설립한 것을 시작으로 아프가니스탄 전 지역에 학교를 설립, 직업훈련학교 등 교육환경을 높이기 위한 활동을 하고 있다.

대표: 에토 히데카(江藤ヒデカ)

주소: 도쿄도 신주쿠구 이치가야다이마치 16-5

URL: http://www.eagle-afghan.com

NPO 법인 아시아 전쟁고아 구제센터 ●─────────

전쟁으로 부모를 잃은 정신적 충격이나 외상 후 스트레스 장애(PTSD) 등, '마음의 상처'를 안고 있는 전쟁고아들에게 의료원조 및 생활원조를 하는 NPO 법인. 주요 활동에는 전쟁고아를 위한 스트레스 클리닉을 아프가니스탄의 수도 카불에 개설하고 약 2만 명이상의 아이들의 스트레스 케어를 하고 있다. 중상 아동 수술지원 '파티마 어린이 기금' 등은 매스컴에서도 크게 보도되고 있다.

월드 채리티 어소시에이션은 2003년 4월에 활동을 시작했다.

'사람을 돕는 사람을 돕는다.'를 활동의 원칙으로 삼고 러시아, 아프가니스탄, 우즈베키스탄, 키르기스스탄, 팔레스타인, 네팔, 중국, 일본 등지에서 병원과 학교건설의 자금 원조를 하고 있다.

또한 갖가지 자선사업을 주최함에 따라서 수많은 사람들에게서 협력을 얻고 있다.

■ 자선활동의 목적

1. 노인에게 삶의 보람을 제공한다.
2. 고통 받는 사람을 위한 활동을 하는 사람을 찾아서 그 활동을 지원한다.
3. 자선사업을 주최해서 모인 자금을 사회에 공헌하는 활동에 기부한다.
4. 의류, 공책, 연필 등 분쟁지역과 개발도상지역에서 필요한 물자를 기부한다.
5. 병원과 학교를 건설하기 위한 자금을 원조한다.
6. 분쟁지역과 개발도상지역의 아이들에게서 사진, 그림, 작문 등을 사서 생활지원을 한다.
7. 장애자에게 보다 좋은 환경을 제공하기 위해 지원한

다.

8. 세계에 공통된 사업을 창출한다.

9. 주는 것을 우선하는 세상을 만들기 위해서 사람을 돕
는 사람을 돕고 사람들의 바램을 이루어준다.

■ 자선활동에 따른 지원내용

· 블라디보스토크 의료지원, 학교지원.

· 아프가니스칸 학교 건설지원.

· 우즈베키스탄 병원지원

· 네팔 학교 건설지원.

· 키르기스스탄 병원 건설지원.

· 중국 어린이들에게 장학금지원.

· 이라크 직업창출지원 & 항암제 지급지원.

· 지적장애자를 위한 교육지원.

· 니가타 추에츠 지진 후 지원활동 지원, 카메라 키즈
월드. (아이들에게서 사진을 사서 생활을 지원하는 활동)

· 이매진 포 더 피플. (사람을 돕는 사람을 찾아낸 사람에
게 사례를 하는 활동)

[일본에서의 행보 1990~]

  캘리포니아에서 전 세계에 제창된 1990년의 '지구의 날'은 세계 141개국과 지역에서 2억인이 참가하는 커다란 이벤트가 되었습니다. 또한 각 나라와 지역, 개인에게 있어 앞으로 10년 동안 자신들의 지구의 날을 만들어가기 위한 희망에 가득 찬 시작이었습니다.

  일본에서도 이 첫 번째 지구의 날에서는 전국 200여 개소에서 1000이 넘는 그룹이 참가했습니다. 3만 명이 참가한 도쿄 유메노시마 페스티발을 시작으로 일본 각지에서 심포지엄, 콘서트, 기념식수, 쓰레기 수거, 벼룩시장, 수제 엽서나 폐식용유로 비누 만들기 실연 등, 자유로운 발상으로 다양하고 즐거운 이벤트가 열렸습니다. 그 후, 지구의 날은 전국 각지에 정착하여 현재에 이르렀습니다.

  [이상, 지구의 날 도쿄

  http://www.earthday_tokyo.org에서 인용]

[지구의 날 환경 출판 대상이란?]

  세계의 환경과 분위기(atmosphere)를 상승시키는 책의 평화상.

  글을 쓰는 일, 그림을 그리는 일은 인류의 역사와 함께 해왔으며 책은 그 가치를 추구하는 인간의 지적 원천이기도 했습니다.

올해 아이치 만물박람회를 계기로 이 지구의 날 환경출판대상은 세계에 퍼져나가기 시작했습니다.

개발도상국의 아이들도 그림이나 간단한 작문으로 출판대상에 참가할 수 있습니다. 상금이나 사회공헌과 같은 매력적인 부수적 요소로 창작의욕을 고취시키고 지구의 교육수준을 높이는데 이바지하고 있습니다.

[블로그 시민대상 모집중!]

입상작품을 출판화합니다.

주최: 지구의 날 환경출판대상 in 아이치 만물박람회

(주관: NPO 법인 레인보우 http://www.rainbow.gr.jp)

협찬: 니프티, 후지 제록스, 소니, 소스 넥스트, 전기사업연합회

테마 '나의 에코액션'

너무나도 소중한 '가족, 사회, 지구….' 에 대해 깊이 생각하게 만드는 작품을 모집 중.

당신의 일상 속에서 '환경 친화적인 행동(eco-action)' 을 모집합니다.

자세한 사항은 홈페이지를 봐주세요.

http://expo.blogaward.net/

지구의 날(지구의 날, 4월 22일)은 지구를 위해서 행동하는 날입니다. 지구에 감사하고 아름다운 지구를 지키려는 의식을 공유하는 날입니다. 1970년부터 시작된 지구의 날은 어른부터 아이까지 국경·민족·신앙·정당·교파를 초월해서 많은 시민들이 참가하는, 세계 184개국과 지역, 약 5000여 개소에서 열리는 세계 최대의 환경 페스티발입니다.

우리들은 어머니와 같은 지구의 자식들입니다. 어머니를 사랑해서 하는 행동에 아무런 제약도 있을 수 없습니다. 언제 어디서나 자유롭게 행동할 수 있습니다. 중요한 것은 한번 해보는 것, 그리고 그것을 계속하는 것입니다. 지구의 날은 우리 한 사람 한 사람 모두가 리더입니다.

[지구의 날의 탄생 1970년 미국]

1960년대 말경, 농약과 살충제 등 화학물질의 과다 사용이 자연 생태계를 파괴하고 있다고 논증한 레이첼 카슨(Rachel Carson)이 쓴 '침묵의 봄'이 서서히 사회에 전파되어서 점차 환경문제에 사람들의 관심이 모이기 시작했습니다. 환경문제나 환경보호를 위해 힘을 기울이는 정치가가 아직 적었던 시대였습니다. 그중 한 사람이었던 미국 위스콘신주에서 선출된 게이로드 넬슨(Gaylord Nelson) 상원의원은 학생운동, 시민운동이 왕성했던 이 시대에 환경문제에 사람들의 관심을

집중시켜야겠다고 생각했습니다. 그래서 베트남 반전운동을 계기로 활발했던 '티치 인(Teach-In, 토론집회)'를 환경문제에 적용하고 싶다고 당시 스탠포드 대학 학생으로 전미 학생 자치회장을 맡고 있던 데니스 헤인즈에게 말했습니다. 그 아이디어를 받아서 1970년 데니스는 전 미국에 지구의 날을 제창, 조정해서 4월 22일을 지구의 날로 선언했습니다.

지구의 날 1970은 약 2000만 명 이상의 사람들이 어떠한 형태로도 지구에 대한 관심을 표현하는 미국 역사상 최대의 이벤트가 되었습니다.

이 지구의 날을 계기로 환경문제에 대해 사람들의 관심이 계속 쏟아지게 되어 환경보존청 설치와 대기정화법, 수질정화법 등 여러 가지 환경법이 정비되었습니다. 그 외에도 환경문제에 관해 소극적인 태도를 취해왔던 의원이 선거에 낙선하고 군대는 동남아시아에서 고엽제 사용을 금지하는 등, 지구의 날의 영향은 여러 곳에 미쳤습니다.

긴자에서 일본 최초의 보행자 천국이 탄생한 것도 이 지구의 날이 계기가 되었습니다.

지구의 날 세계 네트워크 http://earthday.net/
미국정부의 지구의 날 http://earthday.gov/

이 책의 매상 3%는 NPO 이글 아프간 부흥협회 / NPO 법인 아시아 전쟁고아 구제센터 / 월드 채리티 어소시에이션의 활동지원에 활용됩니다.

역자 후기

어렸을 때, TV에서 '그날 이후'라는 영화를 본 적이 있습니다. 핵전쟁의 무서움을 생생하게 재현한 영화였는데, 한 평범한 도시에 갑자기 핵폭탄이 떨어져서 사람들이 순식간에 불타 죽는 장면이 너무 무서워서 그날 밤 잠을 설쳤던 기억이 납니다. 하지만 어른이 된 지금 가장 두려운 것은 죽음이 아니라 '살아남는 것'이라고 생각합니다. 핵전쟁과 같은 크나큰 재난 이후의 모든 후유증과 공포는 전부 살아남은 자들의 몫이니까요.

이 책 '1000명이 된 인류'는 바로 그 살아남은 자들의 이야기입니다. 그들은 큰 충격을 받고 병들고 공포에 질려 있습니다. 그들은 어째서 모든 것을 앗아간 핵전쟁이 벌어지게 되었는지 생각하고 원망하고 후회합니다. 하지만 그런 와중에도 아이들은 태어나고 태어난 아이들이 생각지도 못한 일을 시작합니다. 누가 시키지도 않았는데도 자진해서 남을 돕기 시작한 것입니다. 그것은 거창한 자선활동이 아닌 일상생활에서 아주 조금만 시간을 할애하면 되는 사소한 일들이었습니다. 그러나 바로 그 아이들의 조그만 시작으로 인류는 커다란 진화를 맞이하게 됩니다. 다리가 불편한 사람을 위해 손을 잡고 함께 길을 건너는 것, 외로운 사람에게 반가운 한마디 인사를 건네는 것…. 어쩌면 세상을 변화시키는 일은 그런 사소한 일에서부터 시작되는 것일지도 모르겠습니다.

이 책은 '지구사랑 박람회'라고 불리는 2005년 아이치 만물박람회에서 제1회 환경 출판 대상을 수상한 작품입니다. 다소 까다롭고 어려울 것 같다는 선입견을 가지고 읽기 시작한 책이었습니다만 먼저 꾸밈없는 소박한 문체에 놀라고 그 소박한 문장 속에 담긴 강렬한 힘과 따뜻한 염원에 다시 한 번 놀랐습니다. 인류가 받는 것보다 주는 것을 먼저 생각하게 될 때, 비록 그것이 아주 작고 사소한 것일지라도 그걸로 세상이 변할 수 있다니 너무나 멋진 일이 아닐까요?

이 책을 통해 작가가 독자들에게 바라는 바는 변덕스럽게 내는 거액의 기부금이 아닐 겁니다. 아마도 꼼꼼한 쓰레기 분리 수거나 간단한 재활용, 이웃에게 반갑게 인사하기와 같은, 모두가 일상생활에서 부담없이 시작하고 오래 지속할 수 있는 행동일 겁니다. 한 사람의 조그마한 행동이 열 사람에게 영향을 주고 열 사람이 백 사람에게 영향을 주고 백 사람이 전 세계에 영향을 주는…… 그것이 바로 작가가 꿈꾸는 '1000명이 되지 않는 인류'가 아닐까 합니다. 또한 이 책은 저에게 있어 '나 하나쯤이야' 혹은 '내일 하지 뭐' 하고 어물쩡 넘어갔던 많은 일들을 반성하는 좋은 계기가 되었습니다. 내일을 바꾸는 일을 내일 시작하면 이미 늦겠지요. 내일을 바꾸는 일은 오늘, 바로 지금 시작해야 하는 것입니다.
저도 오늘부터 할 수 있는 일부터 천천히 시작해 봐야겠습니다.

2006년 10월
남주연